Wenli Sun
Mohamad Hesam Shahrajabian

Estratégias para a Expressão Heteróloga de Proteínas e Atividade Génica

Wenli Sun
Mohamad Hesam Shahrajabian

Estratégias para a Expressão Heteróloga de Proteínas e Atividade Génica

ScienciaScripts

Imprint

Any brand names and product names mentioned in this book are subject to trademark, brand or patent protection and are trademarks or registered trademarks of their respective holders. The use of brand names, product names, common names, trade names, product descriptions etc. even without a particular marking in this work is in no way to be construed to mean that such names may be regarded as unrestricted in respect of trademark and brand protection legislation and could thus be used by anyone.

Cover image: www.ingimage.com

This book is a translation from the original published under ISBN 978-620-7-64847-4.

Publisher:
Sciencia Scripts
is a trademark of
Dodo Books Indian Ocean Ltd. and OmniScriptum S.R.L publishing group

120 High Road, East Finchley, London, N2 9ED, United Kingdom
Str. Armeneasca 28/1, office 1, Chisinau MD-2012, Republic of Moldova, Europe
Printed at: see last page
ISBN: 978-620-7-70976-2

SOBRE OS AUTORES

Wenli Sun
Instituto de Investigação Biotecnológica,
Academia Chinesa de Agricultura
Ciências, Pequim, China

É professora associada e trabalha em temas relacionados com a medicina tradicional chinesa, a influência alelopática e a agricultura sustentável. Trabalha também em temas relacionados com a biotecnologia e a ciência molecular. A sua investigação atual incide sobre a história do coronavírus humano e a influência da medicina tradicional chinesa na prevenção e no tratamento do coronavírus humano. O seu perfil completo está disponível em http://orcide.org/0000-0002-1705-2996.

Correio eletrónico correspondente: sunwenli@caas.cn

Mohamad Hesam Shahrajabian
Instituto de Investigação Biotecnológica,
Academia Chinesa de Agricultura
Ciências, Pequim, China

É investigador sénior de Agronomia e Biotecnologia. Interessa-se por culturas e ervas relacionadas com a medicina tradicional, especialmente as culturas da medicina tradicional chinesa e iraniana relacionadas com a agricultura biológica e a agricultura sustentável. A sua investigação atual é a influência das ervas medicinais e dos frutos nos coronavírus humanos. O seu perfil completo está disponível em http://orcide.org/0000-0002-8638- 1312.

Correio eletrónico correspondente: hesamshahrajabian@gmail.com

Estratégias para a Expressão Heteróloga de Proteínas e Atividade Génica

WENLI SUN

E

MOHAMAD HESAM SHAHRAJABIAN

Estratégias para a Expressão Heteróloga de Proteínas e Atividade Génica

WENLI SUN#*, e MOHAMAD HESAM SHAHRAJABIAN#

National Key Laboratory of Agricultural Microbiology, Biotechnology Research Institute, Chinese Academy of Agricultural Sciences, Beijing 100086, China; sunwenli@caas.cn; hesamshahrajabian@gmail.com
*Correspondência: sunwenli@caas.cn; Tel: +86-13-4260-83836
#Estes autores contribuíram igualmente para esta investigação

Índice

Introdução...**6**

Colesterol oxidase **13**

Expressão heteróloga **29**

Expressão heteróloga da colesterol oxidase............**35**

Referências...**40**

Introdução

O colesterol e os seus ésteres de ácidos gordos são constituintes fundamentais para os seres humanos, uma vez que são os compostos das células nervosas e cerebrais e são precursores de outros materiais biológicos, como os ácidos biliares e as hormonas esteróides. A avaliação do colesterol no sangue é o principal fator de identificação e prevenção de várias doenças cardíacas, trombose cerebral, hipertensão e arteriosclerose, existindo uma forte correlação positiva entre o colesterol total nas doenças cardíacas e o soro sanguíneo humano. O colesterol é um bloco de construção das membranas celulares e o componente das hormonas esteróides, da vitamina D e dos ácidos biliares, que são componentes importantes para os organismos vivos (Phillips, 2013; Chen et al., 2017). Os ensaios de colesterol têm sido avançados utilizando diferentes métodos instrumentais, como a cromatografia líquida de alta eficiência, a cromatografia gasosa-espetrometria de massa e a espetroscopia Raman (Jiang et al., 2018; Paulazo e Sodero, 2020; Mahmoud et al., 2021; Shahrajabian, 2021). Os biossensores para o colesterol têm sido aplicados em métodos bioquímicos devido à sua seletividade adequada, baixo custo, resposta rápida, tamanho reduzido e estabilidade durante um longo período. Basu et al. (2007) desenvolveram um biossensor de colesterol de acordo com a colesterol esterase e a colesterol oxidase imobilizadas para reconhecer a quantidade total de colesterol nos alimentos, tendo sido efectuadas estimativas electroquímicas na análise do colesterol de amostras de alimentos. Camadas de colesterol oxidase (COX) foram convertidas com camadas de poli (cloridrato de alilamina) (PAH) em filmes LbL cuja morfologia foi descoberta com microscopia de força atómica (AFM), e usando três unidades de deteção, feitas de filmes LbL de PAH/COX e PAH/PVS (ácido polivinil sulfónico), c um elétrodo interdigitado de ouro nu, permitem identificar o colesterol em soluções aquosas até ao nível de 10^{-6} M, e esta elevada sensibilidade está relacionada com a interação molecular-reconhecimento entre a COX e o colesterol, e é apropriada para experiências clínicas de baixo custo e procedimentos experimentais rápidos (Moraes et al., 2009). Foi relatado pela primeira vez em *Rhodococcus* sp. (Ghosh et al., 2017), descobriu-se que a colesterol oxidase é produzida por *Pseudomonas* sp. (Doukyu e Aono, 1998; Ghosh e Khare, 2016), *Burkholderia* sp. (Doukyu e Aono, 2001), *Streptomyces* sp. (Yazdi et al, 2001), *Mycobacterium* sp. (Brzostek et al., 2007), *Chromobacterium* DS-1 (Doukyu et al., 2008) e actinomicetos são a maior classe de produtores de colesterol oxidase (Ghosh et al., 2018). A enzima existe tanto como formas extracelulares, como ligadas à membrana em bactérias, e de acordo com a sua ligação ao cofator FAD, as colesterol oxidases podem ser amplamente categorizadas em duas classes, nomeadamente, classe I A colesterol oxidase tem FAD não ligado covalentemente, a ligação covalente encontrada para incluir o átomo imidazole ND1 do resíduo de ahistidina (His121) (Lim et al, 2006), e a colesterol oxidase de *Rhodococcus* e *Brevibacterium* pertence a este tipo; as colesterol oxidases da classe II têm FAD ligado covalentemente, a ligação à proteína ocorre através de uma ligação que liga a cadeia polipeptídica ao grupo 8-metilo da porção isoaloxazina (Vrielink e Ghisla, 2009), e a colesterol oxidase de *Burkholderia* e *Chromobacterium* pertence a este tipo. Verifica-se que a colesterol oxidase desempenha uma miríade de funções no metabolismo bacteriano e, nas bactérias assimiladoras de colesterol, está envolvida no primeiro passo do metabolismo do colesterol, convertendo o colesterol em 4-colesten-3-ona (Drzyzga et al., 2011; Garcia et al., 2012; Shahrajabian et al., 2021). A colesterol oxidase é uma flavoproteína álcool desidrogenase/oxidase que realiza a desidrogenação do C(3)-OH de um sistema colestano para produzir o produto carbonilo correspondente (Volonte et al., 2010). A colesterol oxidase é uma ferramenta biotecnológica adequada aplicada: i) para o reconhecimento dos níveis de colesterol sérico (e alimentar), ii) como biocatalisador que fornece intermediários benéficos para a produção industrial de medicamentos esteróides, iii) como proteína larvicida (a de *Streptomyces* sp. estirpe A192249) que tem sido promovida como inseticida contra *Coeloptera* (Volonte et al., 2010). Existem dois tipos de colesterol oxidase de acordo com a natureza da ligação entre o cofator FAD e a apoenzima. No tipo I, o cofator FAD está ligado à proteína através de uma ligação não covalente, enquanto no tipo II, o cofator está ligado covalentemente à apoenzima

(Vrielink e Ghisla, 2009). A colesterol oxidase é a segunda enzima mais utilizada nos laboratórios clínicos (Doukyu et al., 2009). A produção secretora de ChO de *Streptomyces* sp. SACOO (ChOA) foi demonstrada num sistema vetor-hospedeiro de Streptomyces (Murooka et al., 1986). A estrutura do colesterol é apresentada na Figura 1.

A estrutura geral da colesterol oxidase inclui um domínio de ligação ao substrato e um domínio de ligação ao FAD, com a cadeia proteica única a serpentear para a frente e para trás no meio das regiões que fornecem as características de ligação ao cofator e ao substrato (Vrielin e Ghisla, 2009). Na maior parte das colesterol-oxidases, o domínio de ligação ao substrato é constituído por uma folha mista beta-preguedada de oito cadeias e seis alfa-hélices, estando este domínio posicionado sobre o sistema de anéis isoaloxazínicos do cofator FAD, que permite a oxidação do colesterol e a subsequente isomerização em colest-4-en-3-ona (Coulombe et al., 2001), e o sítio ativo é constituído por uma bolsa hidrofóbica, isolada do meio exterior por anéis flexíveis (Vrielink e Ghisla, 2009). Foi demonstrado que a colesterol oxidase é um biocatalisador eficaz para a transformação do colesterol e de outros esteróis em produtos farmacêuticos importantes, como a 4-colesten-3-ona, a androst-4-eno-3,17-diona e a androsta-1,4-dieno-3,17-diona (Ahmad et al., 1991). A colesterol oxidase de Rhodococcus erythropolis foi aplicada para a oxidação preparativa de álcoois cíclicos alílicos, bicíclicos e tricíclicos (Biellmann, 2001). Foi efectuada uma pesquisa online da literatura no Pubmed/Medline, Scopus e Google scholar, abrangendo todos os anos até fevereiro de 2022. Foram utilizados os seguintes termos-chave, geralmente em combinações: Cholesterol oxidase, Heterologous expression, e Heterologous expression of cholesterol oxidase. Após a realização da pesquisa da literatura, as bibliografias de todos os artigos foram verificadas quanto a referências cruzadas que não foram encontradas nas bases de dados de pesquisa. O objetivo desta revisão é fazer um levantamento da expressão heteróloga e da função da colesterol oxidase.

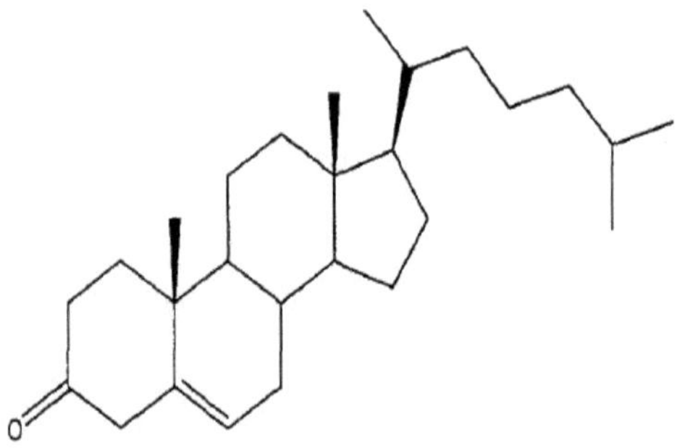

Figura 1- Estrutura do colesterol.

Colesterol oxidase

O colesterol é a principal molécula anfipática e o composto estrutural indispensável de todas as células animais (Batra et al., 2021; Haritha et al., 2022), e consiste numa estrutura de quatro anéis de hidrocarbonetos, uma cadeia de hidrocarbonetos e um grupo hidroxilo (Dervisevic et al., 2016; Hao et al., 2019; Wang et al., 2021; Fazaeli et al., 2022; Shahrajabian et al., 2022). O colesterol é um dos indicadores mais notáveis para avaliar o estado de saúde (Lasuncion et al., 2022; Yao et al., 2022), apesar do facto de a acumulação de colesterol alterar as reacções dos macrófagos a estímulos anti-inflamatórios ou pró-inflamatórios (Chiu et al., 2021). O colesterol é um lípido polivalente nas células eucarióticas e modula o estado físico da bicamada fosfolipídica, está essencialmente envolvido na formação de microdomínios de membrana, tem impacto na atividade de várias proteínas de membrana e é o precursor dos ácidos biliares e das hormonas esteróides (Gimpl e Gehrig-Burger, 2011). O colesterol desempenha uma função essencial no corpo humano e é considerado um dos esteróis mais notáveis, uma vez que forma as paredes celulares e participa na transdução de sinais (Derina et al., 2020). O colesterol é um componente necessário das membranas celulares dos mamíferos, cuja concentração e função subcelular são exatamente ajustadas pela biossíntese, armazenamento e transporte de *novo* (Pham et al., 2022). O colesterol (colest-5-en-3b-ol) é uma biomolécula lipídica natural e funciona também como precursor para a biossíntese de ácidos biliares, hormonas esteróides e vitamina D (Brotea et al., 1989; Rastogi et al., 2021). A colesterol oxidase foi aplicada na análise qualitativa da combinação de modelos de esteróides hidroxílicos (Smith e Brooks, 1974). O colesterol é movimentado no plasma principalmente na formação de lipoproteínas de baixa densidade (LDL), a principal via para a sua remoção dos tecidos para o fígado é nas lipoproteínas de alta densidade (HDL), acompanhada de excreção na bílis (Narwal et al., 2019; Sun et al., 2021). Os microrganismos produtores de colesterol oxidase são *Arthrobacter rhodochrous, Actinomyces lavendulae, Bacillus* spp., *Arthrobacter simplex, Brevibacterium sterolicum, Corynebacterium cholesterolicum, Nocardia rhodochrous*, *Mycobacterium* spp, *Pseudomonas* spp., *Nocardia erythropolis*, *Nocardia rhodochrous*, *Rhodococcus equi*, *Streptomyces violascens*, *Streptomyces* spp., *Schizophyllum commune*, *Streptomyces griseocarneus* e Gamma Proteobacterium Y-134 (Kumari e Kanwar, 2012). O colesterol é uma molécula integral que é utilizada como um bloco de construção para diferentes formas biológicas, no entanto, uma quantidade extrema de colesterol no corpo leva à hipercolesterolemia (Hasdianty et al., 2020). O colesterol é um importante bloco de construção das membranas das células animais e participa na síntese de numerosas hormonas, pelo que a análise quantitativa exacta do colesterol nos alimentos é vital para dietas saudáveis (Li et al., 2022). O colesterol desempenha uma função vital no desenvolvimento de doenças cardiovasculares que são sempre seguidas de stress oxidativo (Masoud et al., 2014). A colesterol oxidase das espécies *Nocardia erythropolis*, *Streptomyces* e *Pseudomonas* era ativa em microemulsão na qual o colesterol é eficazmente solubilizado (Lee e Biellmann, 1986; Hesselink et al., 1990). A colesterol oxidase (CO) (EC 1.1.3.6) é uma flavoenzima bacteriana bifuncional que catalisa a oxidação de 3β-hidroxiesteróides e a isomerização do intermediário, Δ^{5-6} -ene-3β-hidroxiesteróides e a isomerização do intermediário, Δ^{5-6} -ene-3β-cetosteróide para produzir Δ^{3-4} -ene-3β-cetosteróide (Lario et al., 2003). Dois resíduos do sítio ativo, His447 e Glu361, são predominantes para catalisar as reacções de oxidação e isomerização, respetivamente (Slotte e Ostman, 1993; Yin et al., 2002). A colesterol oxidase de *Nocardia* sp. foi corrigida com um copolímero sintético de polioxietileno alilmetildiéter (PEG) e anidrido de ácido maleico (anidrido MA), poli (anidrido PEG-MA) (Thurnhofer et al., 1986; Yoshimoto et al., 1987). São conhecidas duas estruturas da enzima, uma que consiste no cofator ligado de forma não covalente à proteína e outra em que o cofator está associado de forma covalente a um resíduo de histidina (Coulombe et al., 2001). A citocromo c oxidase (CcO) é a enzima terminal na cadeia de transferência de electrões; a CcO catalisa uma redução de quatro electrões de O_2 para água num local catalítico formado por heme de alta rotação (a_3) e átomos de cobre (Cu_B) (Morrill et al., 2014). Esta enzima, produzida por uma grande variedade de bactérias, foi basicamente encontrada para ter uma posição metabólica na decomposição do colesterol.1., 2 (Lario et al., 2003). A colesterol oxidase é aplicada para a descoberta do colesterol sérico, e pode ser obtida a partir de *Streptomyces*, *Pseudomonas fluorescens*, *Brevibacterium* e *Cellulomonas* (Lolekha et al., 2004). *Streptomyces*, *Cellulomonas* e *Brevibacterium* eram fundamentalmente equivalentes do ponto de vista analítico; a colesterol oxidase de *Streptomyces* e *Cellulomonas* é um quarto mais cara do que *a de Brevibacterium*, e *Cellulomonas* é uma nova fonte de colesterol oxidase para regular o colesterol sérico pelo método do ponto final (Lolekha et al., 2004). A colesterol oxidase é uma flavoenzima que catalisa a oxidação do colesterol a colest-5-en-3-ona e, consequentemente, a isomerização a colest-4-en-3-ona, e tem sido muito estudada como elemento de reconhecimento em biossensores de colesterol (Ferraz et al., 2011).

O cluster de genes importantes para a biossíntese de pimaricina em *Streptomyces natalensis* inclui um gene codificador de colesterol oxidase (*pimE*) rodeado por genes envolvidos na produção de pimaricina, e *pimE* codifica uma colesterol oxidase prática e, surpreendentemente, que também está envolvida na biossíntese de pimaricina (Mendes et al., 2007). As colesterol oxidases que também desencadearam a produção de pimaricina, mostrando que as enzimas poderiam atuar como proteínas de sinalização para a biossíntese de polienos (Mendes et al., 2007). Isobe et al. (2003) relataram que a colesterol oxidase (CHO) com alta constância em detergentes foi descoberta a partir de um isolado, Y-134, pertencente à subclasse γ de Proteobacteria, e a produção de CHO atingiu o seu máximo por incubação a 30º C durante 12 d. A colesterol oxidase foi ligada covalentemente à superfície da fibra oca de poliacrilonitrilo (PAN) através de glutaraldeído, e as circunstâncias óptimas foram reconhecidas como sendo a pH 7, -20º C e no estado seco (Wang e Mu, 1999; Lin e Yang, 2003). A colesterol oxidase (CO) é uma enzima contendo FAD (flavina adenina dinucleotídeo) que catalisa a oxidação e isomerização do colesterol (Bokoch et al., 2004; Golden et al., 2015), além disso, as colesterol oxidases desempenham papéis notáveis no catabolismo dos esteróis (Yao et al., 2013). Atualmente, apenas alguns microrganismos que produzem colesterol oxidase, por exemplo, os de *Nocardia*, *Brevibacterium* e *Streptomyces*, estão comercialmente acessíveis (Piubelli et al., 2008; Sulek et al., 2010). A colesterol oxidase de *Brevibacterium sterolicum* é uma flavoenzima monomérica que catalisa a isomerização e a oxidação do colesterol em colest-4-en-3-ona (Lv et al., 2002; Caldinelli et al., 2005). Tanto a colesterol oxidase como a catalase indicaram um desempenho analítico magnífico para a resolução do colesterol livre em amostras de soro humano (Gholivand e Khodadadian, 2014). A colesterol oxidase de *Streptomyces*, com 3,4-diclorofenol, demonstrou ser uma fonte adequada para a determinação do colesterol total no soro através do procedimento cinético (Srisawasdi et al., 2006). A colesterol oxidase (ChOx), a principal enzima na oxidação do colesterol, foi adsorvida em partículas decoradas de poliestireno (PS)/polietilenoglicol (PEG) e PS/PEG/Congo red (CR), como demonstrado pelo aumento do tamanho médio das partículas e pela espetrofotometria (Silva et al., 2013). A colesterol oxidase, que catalisa a degradação do colesterol em colest-4-en-3-ona, é amplamente aplicada no processamento de alimentos e nas indústrias farmacêuticas (Qin et al., 2017). A colesterol oxidase foi adsorvida e a peroxidase de rábano foi encapsulada em estrutura metal-orgânica, e as enzimas co-imobilizadas mostraram alta carga, realização catalítica e estabilidade; bem como, um biossensor colorimétrico altamente seletivo e sensível para o colesterol foi desenvolvido (Zhao et al., 2019). A melhoria de um sensor baseado em enzimas que aplica a enzima ChOx tem um potencial notável como um sistema de sensor fácil e econômico; mas, um sistema de monitoramento eletroquímico do tipo mediador de elétrons com base em oxidases é inerentemente influenciado pelo oxigênio dissolvido (Kojima et al., 2013; Xin et al., 2016).

Uma nova metodologia para obter filme fino modificado com colesterol oxidase é encontrada, e os resultados do filme fino de polidopamina são apropriados para imobilização enzimática; além disso, o filme fino modificado com enzima é aplicado em aplicações de biossensores (Salazar et al., 2019). Noutro ensaio, a enzima colesterol oxidase (ChOx) separada das estirpes *Pseudomonasaeruginosa* PseA(ChOxP) e *Rhodococcuserythropolis* MTCC 3951(ChOxR), bem como uma variante comercial produzida por Streptomyxes sp. (ChOxS) foram imobilizadas em nanopartículas magnéticas de óxido de ferro (II, III) (MNP) por técnicas de acoplamento covalente, e os nanobiocatalisadores foram utilizados para a biotransformação de colesterol e 7-cetocolesterol em 4-colesten-3-ona e 4-colesten-3, 7-diona, respetivamente, que são precursores de esteróides importantes do ponto de vista médico e industrial (Ghosh et al, 2018). Os eléctrodos ajustados de compósitos de colesterol oxidase/óxido de grafeno reduzido a imina de polietileno solúvel em água (PEI-GP) mostram um desempenho de deteção biológica ultrassensível em relação ao colesterol, e o biossensor fabricado mostrou seletividade, estabilidade, reprodutibilidade e utilização prática adequadas (Wu et al., 2019). Nanocompósito de TiO_2-MWCNT@Inulina imobilizado em colesterol oxidase aplicado como material de envio para o colesterol, ocorreu um transporte eficaz de electrões entre a enzima e a superfície do elétrodo através da matriz TiO_2-MWCNT@Inulina, também é obtida estabilidade de armazenamento a longo prazo (120 dias) devido ao ambiente promissor proporcionado pelo nanocompósito ao ChOx (Jayanthi et al., 2020). O sensor eletroquímico de colesterol desenvolvido à base de nanopartículas de enzima biológica (BENP) apresentou uma gama dinâmica longa (0-67 mg/dL) com um limite de deteção baixo (0,18 mg/dL), uma seletividade notável e uma elevada estabilidade (>98% da sua atividade inicial ao longo de 25 dias), e o sensor à base de BENP é também tremendamente seletivo e estável durante mais de 25 dias (Kim et al., 2021). Uma *Streptomyces* sp. marinha produtora de colesterol oxidase reconhecida como uma estirpe de actinobactérias marinhas (AKHSS), e a colesterol oxidase da estirpe AKHSS está ligada à membrana e não é segregada, e a enzima indicou uma citotoxicidade notável nas linhas celulares de cancro da mama (MCF-7), nasofaríngeo (KB) e ovário (OVCAR) a concentrações muito baixas que diferem de 0.093 a 0,14 µM, como é evidente no ensaio de viabilidade celular MTT [3-(4,5-dimetiltiazol-2-il)-2,5-dipehnyltetrazolium bromide] (Kavitha et al, 2020). A colesterol oxidase do *Mycobacterium tuberculosis* (Mtb) tem a capacidade de promover uma reação imunitária em ratos e beneficia a resposta do tipo Th2 em ratos; além disso, a resposta pró-inflamatória obtida pela colesterol oxidase do Mtb é baixa (Szulc-Kielbik et al., 2020). A colesterol oxidase ligada a células de *Rhodococcus* sp. foi purificada em três vezes, e a enzima foi quimicamente imobilizada na superfície de esferas de quitosana, a enzima imobilizada transformou o colesterol em colestenona, o rendimento de biotransformação da colestenona foi de 88% milimolar, e as esferas retiveram 67% de atividade enzimática após 12 lotes de operação (Ahmad e Goswami, 2014).

A colesterol oxidase imobilizada em núcleos magnéticos fluorescentes foi estruturada em nanopartículas, as nanopartículas eram sensíveis à ótica do oxigénio em solução aquosa, as nanopartículas têm uma estabilidade incrivelmente maior em comparação com a colesterol oxidase livre, e as nanopartículas podem possivelmente ser utilizadas em biossensores de fibra ótica multiparâmetro (Huang et al., 2015). Investigações histológicas mostraram que a colesterol oxidase lisa o epitélio do intestino médio do gorgulho da cápsula, propondo que este é o principal mecanismo de letalidade (Purcell et al., 1993). A colesterol oxidase ajusta o colesterol da membrana em átrios isolados de ratinhos, a oxidação do colesterol da membrana suprime os efeitos da ativação do β-AR, a ação depressora da ChO está relacionada com a regulação positiva da produção de espécies reactivas de oxigénio (ROS) e a oxidação do colesterol aumentou a produção de ROS de uma forma dependente do β_2-AR (Ursan et al., 2020). A colesterol oxidase (ChOx) foi imobilizada numa película de óxido de cério nano-estruturada derivada de sol-gel (NS-CeO$_2$) depositada num substrato de vidro revestido de óxido de índio-estanho (ITO) (Ansari et al., 2008). A colesterol oxidase foi eficazmente imobilizada em polianilina (PANI) polimerizada electroquimicamente com película fina de Triton X-100 (TX-100) através de ligação covalente, e a grande saliência no voltamograma cíclico e uma escalada na resistência à transferência de carga na avaliação da impedância eletroquímica de ChOx/PANI-TX-100/ITO mostram a imobilização covalente de ChOx em redes PANI-TX-100 (Khan et al., 2009). A CO de *Brevibacterium sterolicum* (BCO) é produzida como um precursor com 613 aminoácidos de comprimento (BCO de comprimento total, fBCO) que carece da pré-sequência N-termial (52 aminoácidos de comprimento) para produzir a forma enzimática madura e totalmente ativa (Volonte et al., 2010). A BCO é o protótipo das COs de tipo II: inclui um cofator FAD ligado covalentemente a

His69 e pertence à família da vanilil-álcool oxidase, cujos membros contêm uma dobra sugerida para favorecer a flavinilação covalente (Coulombe et al., 2001). A BCO apresenta características peculiares que a tornam uma ferramenta biotecnológica adequada, como um valor k aparente mais elevado$_{cat}$ sobre o colesterol em comparação com a CO não covalente (2-15 vezes superior, dependendo das situações experimentais utilizadas) e um $K_{m,O2}$ 5 vezes inferior (Pollegioni et al., 1999; Vrielink e Ghisla, 2009). A comparação dos nossos resultados com os resultados publicados sobre COs não covalentes (tipo I) mostrados em recombinantes (quer em E. coli quer em Streptomyces spp.), indica que a *Brevibacteriumsterolicum* (BCO) do tipo II totalmente ativa pode ser produzida em *E. coli* a níveis de expressão dispendiosos, e o aumento da sobreprodução da colesterol oxidase ligada ao FAD promoverá o seu desenvolvimento como uma nova biotolha a ser aplicada em aplicações biotecnológicas (Volonte et al., 2010). Corbin et al. (1994) clonaram e sequenciaram o gene estrutural choM, que codifica uma colesterol oxidase inseticida ativa em *Streptomyces* sp. estirpe A19249, o produto primário da tradução foi assumido como uma sequência de 547 aminoácidos em *Escherichia coli* *que* termina na produção de uma proteína com características enzimáticas e insecticidas indistinguíveis das da colesterol oxidase escondida por *Streptomyces* sp. estirpe A19249 (Corbin et al, 1994). Sampson e Chen (1998) referiram que a proteína recombinante produzida por *E. coli* é composta por 513 aminoácidos com um M_r estimado em 55,374 e que as constantes cinéticas da proteína recombinante e da colesterol oxidase produzida por *B. sterolicum* são idênticas. Um rápido declínio do colesterol celular induzido pela expressão intracelular da GFP-COase dividida regulou a dissociação de um biossensor de colesterol D4H da membrana plasmática, e o processo foi reversível, pois após a remoção da rapamicina, a fluorescência da GFP-COase dividida foi perdida e os níveis de colesterol celular voltaram ao normal, e esses dados indicam que a GFP-COase dividida fornece uma nova ferramenta para influenciar as características do colesterol em células de mamíferos (Chernov et al., 2017). Foi observado que a otimização das condições de expressão de ChOA em *E. coli* aumentou notavelmente a produtividade da enzima em quase 50 vezes (Fazaeli et al., 2018). Fazaeli et al. (2019) indicaram que o rendimento de ChO recombinante foi significativamente aumentado quando ChO foi produzido sob protocolo otimizado, além disso, a purificação e caraterização de ChO recombinante documentada contra essa colesterol oxidase de *Chromobacterium* sp. DS1 é uma enzima termoestável com uma ampla variedade de atividade térmica. Para melhorar a expressão da colesterol oxidase de gibberellum em *E. coli*, o gene foi alterado para codificar os primeiros 21 aminoácidos do códon extremamente expresso em *E. coli* (Sampson et al., 1998). O impacto do SR-BI no metabolismo do colesterol celular foi distinguido através da análise das alterações na qualidade do colesterol celular mediadas pelo SR-BI, da esterificação da FC derivada do HDL e das alterações nos pools lipídicos da membrana (Kellner-Weibel et al., 2000). Guo et al. (2004) investigaram o mecanismo molecular dos efeitos hipidémicos do fenofibrato, caracterizando a influência *in vivo* do fenofibrato na expressão do ARNm e nas actividades das principais enzimas do metabolismo do colesterol e dos triglicéridos em hamsters. Park et al. (2008) utilizaram-no para expressar a colesterol oxidase de *Streptomyces*.

Varga et al. (2013) tiveram como objetivo investigar se a hipercolesterolemia leva a alterações no microRNA do miocárdio, desempenhando um papel no desenvolvimento do stress oxidativo/nitrificação e subsequente disfunção cardíaca. A otimização da expressão da colesterol oxidase de Streptomyces (Fazaeli et al., 2018; Fazaeli et al., 2019) estudou diferentes factores (estirpe hospedeira, meio, concentração de pirósido de isopropilo β-D-1-tioglactose, tempo de indução e tempo e temperatura de incubação após a indução) na sobre-expressão da colesterol oxidase da cromatina.

Expressão heteróloga

A expressão heteróloga introduz a expressão de um gene ou parte de um gene num organismo hospedeiro que não possui naturalmente esse gene ou fragmento de gene. A inserção do gene no hospedeiro heterólogo é conseguida através da tecnologia do ADN recombinante. *A expressão heteróloga (HE) é a metodologia predominante para a produção de enzimas de interesse para estudos funcionais e aplicações industriais, sendo a Escherichia coli* o hospedeiro heterólogo mais utilizado devido ao seu crescimento rápido, ao cultivo económico e à facilidade de introdução de genes exógenos (Rosano e Ceccarelli, 2014; Wang et al., 2020). A expressão heteróloga de proteínas de membrana só obteve resultados limitados (Butzin et al., 2010). A expressão heteróloga do método biossintético de produtos naturais é de interesse crescente em biotecnologia microbiana, deteção e otimização de drogas, pois permite não apenas a produção robusta de biomoléculas benéficas em hospedeiros heterólogos mais acessíveis, mas também permite a geração de novos análogos por meio da engenharia biossintética (Huo et al., 2019).

Esta estratégia também facilita a descoberta de novos constituintes bioativos após a expressão funcional de clusters de genes biossintéticos crípticos (BGCs) de produtores originais fastidiosos ou DNA metagenômico em hospedeiros substitutos, promovendo assim a mineração de genoma na era pós-genômica (Huo et al., 2019; Goradel et al., 2021; Wuisan et al., 2021). A expressão heteróloga de receptores de odorantes (ORs) de insectos em células de mamíferos ou de insectos é exigente devido ao insuficiente tráfico intracelular de ORs e à sua capacidade de formar canais de iões de fuga (Miazzi et al., 2019). A expressão heteróloga de genes de metabólitos secundários fúngicos permite a formação de produtos de caminhos de biossíntese de metabólitos secundários silenciosos; também permite a expressão fácil de mutantes ou combinações de genes não descobertos na natureza (Van Dijk e Wang, 2016). A expressão heteróloga não se limita às toxinas naturais, mas permite a conceção de toxinas com características especiais ou pode tirar partido da quantidade crescente de dados transcriptómicos e genómicos, facilitando a expressão de genes de toxinas inativos (Rivera-de-Torre et al., 2022). Nah et al. (2017) relataram que os sistemas de expressão *heteróloga de Streptomyces* foram reconhecidos como uma técnica muito fascinante para despertar produtos naturais crípticos de novos grupos de genes biossintéticos (NP BGCs) e também podem ser utilizados para a superexpressão de uma variedade de grandes NP BGCs em actimonycetes. A expressão heteróloga de genes de metabólitos secundários fúngicos permite a formação de produtos de vias silenciosas de biossíntese de metabólitos secundários e também retarda a expressão fácil de mutantes ou combinações de genes não reconhecidos na natureza. A beta-defensina 2 humana (HBD2) foi heteróloga mostrada em *Escherichia coli*, HBD2 foi ativa em bactérias Gram+ e Gram-, e o desenho experimental aumentou a expressão heteróloga de HBD2; a temperatura e a concentração do indutor são variáveis importantes para a expressão de HBD2 (Corrales-Garcia et al., 2020). Os resultados da vacina heteróloga contra o SARS-CoV-2 com uma segunda vacina baseada em mRNA foram favorecidos nas recomendações de vários países em relação à vacinação homóloga contra o ChAdOx1 nCoV-19 baseada em vetor, após relatos de eventos tromboembólicos e menor eficácia deste regime

(Bauswein et al., 2022). O silenciamento de RNA restringe a expressão transitória de proteínas heterólogas em plantas, e os supressores de silenciamento viral co-expressos podem aumentar o rendimento de proteínas heterólogas (Haikonen et al., 2013). Cole Stevens et al. (2013) concluíram que a expressão heteróloga de vias biossintéticas é uma ferramenta essencial na descoberta, engenharia, produção e caraterização de policetídeos bacterianos e a complexa enzimologia que é ativa em sua biossíntese. Kaachra et al. (2018) demonstraram que a co-expressão heteróloga de fosfoenolpiruvato carboxilase (*ZmPepcase*), aspartato aminotransferase (*GmAspAT*) e glutamina sintetase (*NtGS*) reduziu a perda fotorrespiratória de C e N com aumentos concomitantes no rendimento de sementes e na biomassa de brotos. A expressão heteróloga da colesterol oxidase em vários hospedeiros é apresentada no Quadro 1.

Quadro 1- Expressão heteróloga da colesterol oxidase em diferentes hospedeiros.

Fonte microbiana	Hospedeiro (plasmídeo) [Promotor]	O nível de expressão (U/L)	O nível de expressão (U/mg de proteína)	Referência
Rhodococcus equi ATCC21387	*E.coli* MM294	585	0.58	Fujishiro et al. (2002)
Rhodococcus equi ATCC21387	*E.Coli* BL21(DE3)pLysS	2180	2.2	Sampson e Chen (1998)
Rhodococcus sp. PCTT 1663	*E.coli* BL21(DE3)pLysS	2150	2.2	Ghasemian et al. (2009)
Brevibacterium sp.CCTCC M201008	E. coli BL21(DE3)-Codon plus(DE3)-RP	n.d	3.7	Wang e Wang (2007)
Streptomyces Coelicola	*Bifidobacterium longum*	n.d	0.65	Park et al. (2008)
Burkholderia	*E.coli* DH5α	67	0.2	Doukyu e

Cepacian ST-200				Aono (2001)
Cromobactérias DS-1	*E.coli* Rosetta	1850	2.3	Doukyu et al. (2009)
Streptomyces spp.	*E.coli* HB101	n.d	0.01	Brigidi et al. (1993)
Streptomyces spp.	*E.coli*	n.d	4.3	Kiatpapan et al. (2001)
Streptomyces spp.	*E.coli* JM109	n.d	9.7	Kiatpapan et al. (2001)
Streptomyces spp.	*E.coli* JM109	n.d	1.5	Nomura et al. (1995)
Streptomyces spp.	*Streptomyces lividans*	11300	n.d	Murooka et al. (1986)
Streptomyces spp.	*Streptomyces lividans* 1326	4300	n.d	Molnar et al. (1991)

Expressão heteróloga da colesterol oxidase

No que diz respeito às exigências específicas de lípidos das proteínas de membrana, devem ser considerados com precisão os fosfolípidos e glicolípidos, bem como o teor de esteróis da célula hospedeira selecionada para a expressão heteróloga (Opekarova e Tanner, 2003). Lecomte et al. (2016) mostraram as vantagens de *Streptococcus thermophilus* como hospedeiro de expressão heteróloga e actualizaram as ferramentas genéticas acessíveis em *S. thermophilus*. A expressão de genes heterólogos pode promover a produção de proteínas práticas em cepas probióticas de *Lactobacillus plantarum* e *Propionibacterium freudenreichii* (Kiatpapan et al., 2001). Park et al. (2008), na sua experiência, construíram pBES16PR-CHOL com o gene estrutural para a colesterol oxidase sob o controlo do promotor 16S rRNA e aplicaram-no para transformar *Bifidobacterium longum*, tendo o gene sido cficazmcntc cxprcsso c alcançado um clcvado nível de atividade de colesterol oxidase em *B. longum*. Kiatpapan et al. (2001) concluíram que a expressão de genes heterólogos pode acelerar a produção de proteínas úteis em *Lactobacillus* e

Propionibacterium. As vantagens da expressão de proteínas heterólogas em *Trichoderma reesei* devem-se ao sistema nativo, ao secretor de proteínas e ao elevado rendimento proteico, enquanto a desvantagem é que a mistura de enzimas não pode ser adaptada a diferentes substratos de biomassa (Lambertz et al., 2014). As vantagens da expressão de proteínas heterólogas em *Bacillus subtilis* (gram positivo) são a possibilidade de expressão induzível e auto-indutível, a facilidade de modificação genética e o secretor de proteínas, enquanto a desvantagem é a necessidade de um meio de crescimento rico como fonte de carbono, o que leva a um aumento dos custos (Lambertz et al., 2014). As vantagens da expressão heteróloga de proteínas em *Clostridium thermocellum* (gram positivo) devem-se ao sistema nativo, à produção de celulossomas, à transformação transitória e estável, enquanto as desvantagens são o baixo rendimento proteico, os elevados custos de produção e os subprodutos indesejados (Lambertz et al., 2014).

Conclusão

A colesterol oxidase é a enzima predominante envolvida na via de degradação do colesterol em várias bactérias do solo, e esta flavoproteína que contém FAD monta a oxidação do colesterol a 4-colesten-3-ona na presença de oxigénio molecular (O_2) e produz peróxido de hidrogénio ($H O_{22}$) como subproduto. A colesterol oxidase (EC 1.1.3.6) é uma flavoproteína que ativa tanto a oxidação do colesterol a 5-colesten-3-ona, com a redução do oxigénio molecular a peróxido de hidrogénio, como a isomerização da ligação Δ^5, através de um processo análogo ao da Δ^5-3-cetosteróide isomerase de *Pseudomonastestosterini*. A colesterol oxidase é um ingrediente dominante na maioria dos kits de ensaio disponíveis no mercado utilizados no rastreio do colesterol. A colesterol oxidase foi utilizada na análise qualitativa da combinação modelo de esteróides hidroxílicos; e a colesterol oxidase das espécies *Nocardia erythropolis*, *Streptomyces* e *Pseudomonas* foi ativa em microemulsão na qual o colesterol é eficazmente solubilizado. As colesterol oxidases que também desencadearam a produção de pimaricina, mostrando que as enzimas poderiam atuar como proteínas de sinalização para a biossíntese de polienos. O seu papel é obtido através da coenzima FAD, que catalisa a isomerização e a oxidação do colesterol para produzir simultaneamente 4-eno-3-cetona colestática e peróxido de hidrogénio. A colesterol oxidase foi adsorvida e a peroxidase de rábano foi encapsulada numa estrutura metal-orgânica, e as enzimas co-imobilizadas mostraram uma elevada carga, realização catalítica e estabilidade, bem como foi desenvolvido um biossensor colorimétrico altamente seletivo e sensível para o colesterol. Os estudos histológicos mostraram que a colesterol oxidase lisa o epitélio do intestino médio do gorgulho da cápsula, sugerindo que é o principal mecanismo de letalidade. A expressão heteróloga sugere a expressão de um gene ou parte de um gene num organismo hospedeiro que não possui naturalmente esse gene ou fragmento de gene. É a técnica predominante para produzir enzimas de interesse para estudos funcionais e aplicações industriais, sendo a Escherichia coli o hospedeiro heterólogo mais utilizado devido ao seu crescimento rápido, ao seu cultivo económico e à facilidade de introdução de genes exógenos. A expressão heteróloga do método biossintético de produtos naturais é de interesse crescente na biotecnologia microbiana, na deteção e otimização de fármacos, pois permite não só a produção robusta de biomoléculas benéficas em hospedeiros heterólogos mais acessíveis, mas também a geração de novos análogos através da engenharia biossintética. A expressão heteróloga da colesterol oxidase foi registada em diferentes fontes microbianas, tais como *Rhodococcus equi*, *Rhodococcus* sp., *Brevibacterium* sp., *Streptomycescoelicola*, *Burkholderia cepacian* ST-200, *Chromobacterium* e *Streptomyces* spp.

Contribuição dos autores

Todos os autores leram e aprovaram o manuscrito final.

Ack nowledgements

Este trabalho foi apoiado pelo Programa Nacional de I&D da China (subsídio de investigação 2019YFA0904700). Esta investigação foi também financiada pela Fundação de Ciências Naturais de Pequim, China (Subvenção n.º M21026).

Conflito de interesses

Os autores declaram que não existem conflitos de interesse relacionados com este artigo.

Referências

1. Ahmad, S., Roy, P. K., Khan, A. W., Basu, S. K., e Johri, B. N. 1991. Microbial transformation of sterols to C19-steroids by *Rhodococcus equi*. World J Microbiol Biotechnol. 7(5): 557-561.

2. Ahmad, S., e Goswami, P. 2014. Aplicação de esferas de quitosana imobilizadas *Rhodococcus* sp. NCIM 2891 colesterol oxidase para a produção de colestenona. Process Biochemistry. 49(12): 2149-2157.

3. Ansari, A. A., Kaushik, A., Solanki, P. R., e Malhotra, B. D. 2008. Filme de óxido de cério nanoporoso derivado de sol-gel para aplicação em biossensor de colesterol. Electrochemistry Communications. 10(9): 1246-1249.

4. Basu, A. K., Chattopadhyay, P., Roychoudhuri, U., e Chakraborty, R. 2007. Desenvolvimento de biossensor de colesterol baseado em colesterol esterase imobilizado e colesterol oxidase em elétrodo de oxigénio para a determinação do colesterol total em amostras de alimentos. Bioelectrochemistry. 70(2): 375-379.

5. Batra, B., Narwal, V., Sumit, Ahlawat, J., e Sharma, M. 2021. Um biossensor amperométrico de colesterol baseado na imobilização de colesterol oxidase em nanopartículas de dióxido de titânio. Sensors International. 2: 100111.

6. Bauswein, M., Peterhoff, D., Plentz, A., Hiergeist, A., Wagner, R., Gessner, A., Salzberger, B., Schmidt, B., e Bauernfeind, S. 2022. Maior neutralização da variante Delta do SARS-CoV-2 após vacinação heteróloga ChAdOx1 nCoV-19/BNT162b2 versus homóloga BNT162b2. iScience. 25(2): 103694.

7. Biellmann, J. F. 2001. Resolução de álcoois pela colesterol oxidase de *Rhodococcuserythropolis*: Falta de enantioespecificidade para os esteróides. Chirality. 13(1): 34-39.

8. Bokoch, M. P., Devadoss, A., Palencsar, M., e Burgess, J. D. 2004. Oxidação em estado estacionário do colesterol catalisada pela colesterol oxidase em membranas de bicamada lipídica em

eléctrodos de platina. Analytica Chimica Ata. 519(1): 47-55.

9. Brigidi, P., Bolognani, F., Rossi, M., Cerre, C., e Matteuzzi, D. 1993. Clonagem do gene da colesterol oxidase em *Bacillus* spp. e *Lactobacillus reuteri* e sua expressão em Escherichia coli. Cartas em Microbiologia Aplicada. 17(2): 61-64.

10. Brotea, G. P., Draisey, T. F., e Thibert, R. J. 1989. Determinação fluorométrica do colesterol utilizando um sistema oxidase-peroxidase-resorufina. Microchemical Journal. 39(1): 1-9.

11. Brzostek, A., Dziadek, B., Rumijowska-Galewicz, A., Pawelczyk, J., e Dziadek, J. 2007. A colesterol oxidase é necessária para a virulência do *Mycobacterium tuberculosis*. FEMS Microbiol Lett. 275(1): 106-112.

12. Butzin, N. C., Owen, H. A., e Collins, M. L. P. 2010. Um novo sistema para a expressão heteróloga de proteínas de membrana: *Rhodospirillumrubrum*. Expressão e Purificação de Proteínas. 70(1): 88-94.

13. Caldinelli, L., Iametti, S., Barbiroli, A., Bonomi, F., Fessas, D., Molla, G., Pilone, M. S., e Pollegioni, L. 2005. Dissecando os determinantes estruturais da estabilidade da colesterol oxidase contendo flavina ligada covalentemente. Journal of Biological Chemistry. 280(24): 22572-22581.

14. Chen, G., Li, H., Zhao, Y., Zhu, H., Cai, E., Gao, Y., Liu, S., Yang, H., e Zhang, L. 2017. Saponinas de caules e folhas de *Panax ginseng* previnem a obesidade através da regulação da termogénese, lipogénese e lipólise em ratinhos C57BL/6 obesos infundidos com dieta rica em gordura. Food Chem Toxicol. 106: 393-403.

15. Chernov, K. G., Neuvonen, M., Brock, I., Iknonen, E., e Verkhusha, V. V. 2017. Introduzindo a colesterol oxidase dividida fluorescente induzível em células de mamíferos. J Biol Chem. 292(21): 8811-8822.

16. Chiu, Y.-C., Chu, P.-W., Lin, H.-C., e Chen, S.-K. 2021. A acumulação de colesterol suprime a fosforilação oxidativa e altera as

respostas aos estímulos inflamatórios dos macrófagos. Biochemistry and Biophysics Reports. 28: 101166.

17. Cole Stevens, D., Hari, T. P. A., e Boddy, C. N. 2013. O papel da transcrição na expressão heteróloga de policetídeos em hospedeiros bacterianos. Relatórios de produtos naturais. 30: 1391-1411.

18. Corbin, D. R., Greenplate, J. T., Wong, E. Y., e Purcell, J. P. 1994. Clonagem de um gene de colesterol oxidase inseticida e sua expressão em bactérias e em protoplastos de plantas. Applied and Environmental Microbiology. 60(12): 4239-4244.

19. Corrales-Garcia, L. L., Serrano-Carreon, L., e Corzo, G. 2020. Melhorando a expressão heteróloga da β-defensina 2 humana (HBD2) usando um projeto experimental. Expressão e Purificação de Proteínas. 167: 105539.

20. Coulombe, R., Yue, K. Q., Ghisla, S., e Vrielink, A. 2001. O acesso do oxigénio ao local ativo da colesterol oxidase através de um canal estreito é bloqueado por um par Arg-Glu. J Biol Chem. 276(32): 30435-30441.

21. Coulombe, R., Yue, K. Q., Ghisla, S., e Vrielink, A. 2001. O acesso de oxigénio ao local ativo da colesterol oxidase através de um canal estreito é controlado por um par Arg-Glu. Journal of Biological Chemistry. 276(32): 30435-30441.

22. Derina, K., Korotkova, E., e Barek, J. 2020. Abordagens electroquímicas não enzimáticas para a determinação do colesterol. Journal of Pharmaceutical and Biomedical Analysis. 191: 113538.

23. Dervisevic, M., Cevik, E., Senel, M., Nergiz, C., e Fatih Abasiyanik, M. 2016. Biossensor amperométrico de colesterol baseado em colesterol oxidase reconstituída em polímeros condutores funcionais de ácido borónico. Journal of Electroanalytical Chemistry. 776: 18-24.

24. Doukyu, N., e Aono, R. 1998. Purificação de colesterol oxidase extracelular com elevada atividade na presença de solventes orgânicos de *Pseudomonas* sp. estirpe ST-200. App Environ

Microbiol. 64(5): 1929-1932.

25. Doukyu, N., e Aono, R. 2001. Clonagem, análise da sequência e expressão de um gene que codifica uma colesterol oxidase tolerante a solventes orgânicos e detergentes da estirpe ST-200 de *Burkholderiacepacia*. Microbiologia Aplicada e Biotecnologia. 57: 146-152.

26. Doukyu, N., Shibata, K., Ogino, H., e Sagermann, M. 2008. Purificação e caraterização de *Chromobacterium* sp. DS-1 colesterol oxidase com tolerância térmica, a solventes orgânicos e a detergentes. Appl Microbiol Biotechnol. 80(1): 59-70.

27. Doukyu, N., Shibata, K., Ogino, H., e Sagermann, M. 2009. Clonagem, análise da sequência e expressão de um gene que codifica a colesterol oxidase de *Chromobacterium* sp. DS-1. Appl Microbiol Biotechnol. 82(3): 479-490.

28. Drzyzga, O., Fernande de las Heras, L., Morales, V., Navarro Llorens, J. M., e Perera, J. 2011. Degradação do colesterol por *Gordonia cholesterolivorans*. Appl Environ Microbiol. 77(14); 4802-4810.

29. Fazaeli, A., Golestani, A., Lakzaei, M., Sadat Rasi Varaei, S., e Aminian, M. 2018. Otimização da expressão da colesterol oxidase recombinante em *Escherichia coli* e sua purificação e caraterização. AMB Express. 8(183): 1-9.

30. Fazaeli, A., Golestani, A., Lakzaei, M., Rasi Varaei, S. S., e Aminian, M. 2019. Otimização da expressão, purificação e caraterização funcional da colesterol oxidase de *Chromobacterium* sp. DS1. PLOS ONE. 14(2): e0212217.

31. Fazaeli, A., Ebrahimi Fana, S., Golestani, A., e Aminian, M. 2022. Melhoria da termoestabilidade da colesterol oxidase de steptomyces Sp. SA-COO por mutagénese aleatória. Protein Expression and Purification. 191: 106028.

32. Ferraz, H. C., Guimaraes, J. A., Alves, T. L. M., e Constantino, C. J. L. 2011. Filmes monomoleculares de colesterol oxidase e proteínas

da camada S. Applied Surface Science. 257(15): 6536-6539.

33. Fujishiro, K., Uchida, H., Shimokava, K., Nakano, M., Sano, F., Ohta, T., Nakahara, N., Aisak, K., e Uwajima, T. 2002. Purificação e propriedades de uma nova colesterol oxidase de *Brevibacteriumsterolicum* produzida por E. coli MM294/pnH10. FEMS Microbiol Lett. 215: 243-248.

34. Garcia, J. L., Uhia, I., e Galan, B. 2012. Catabolismo e aplicações biotecnológicas de bactérias degradadoras de colesterol. Microb Biotechnol. 5(6): 679-699.

35. Ghasemian, A., Tabatabaei Yazdi, M., Sepehrizadeh, Z., Tabatabaei Yazdi, Z., e Zarrini, G. 2009. Sobre-expressão, purificação num só passo e caraterização de uma colesterol oxidase de tipo II de um isolado local *Rhodococcus* sp. PTCC 1633. Jornal Mundial de Microbiologia e Biotecnologia. 25: 773-779.

36. Gholivand, M. B., e Khodadadian, M. 2014. Biossensor amperométrico de colesterol baseado na eletroquímica direta da colesterol oxidase e catalase num elétrodo de carbono vítreo modificado com grafeno/líquido iónico. Biosensores e Bioelectrónica. 53: 472-478.

37. Ghosh, S., e Khare, S. K. 2016. Biodegradação de 7-cetocolesterol citotóxico por *Pseudomonas aeruginosa* PseA. Bioresour Technol. 213: 44-49.

38. Ghosh, S., e Khare, S. K. 2017. Biodegradação de 7-cetocolesterol por *Rhodococcuserythropolis* MTCC 3951: Otimização de processos e insights enzimáticos. Chem Phys Lipids. 207(Pt B): 253-29.

39. Ghosh, S., Ahmad, R., e Khare, S. 2018. Imobilização da colesterol oxidase: Uma visão geral. O Jornal de Biotecnologia Aberta. 12(1): 176-188.

40. Ghosh, S., Ahmad, R., Gautam, V. K., e Khare, S. K. 2018. Nanobioconjugados magnéticos de colesterol-oxidase para a produção de 4-colesten-3-ona e 4-colesten-3, 7-diona. Tecnologia de Bioresource. 254: 91-96.

41. Gimpl, G., e Gehrig-Burger, K. 2011. Sondas para estudar a ligação ao colesterol e a biologia celular. Steroids. 76(3): 216-231.

42. Golden, E., Attwood, P. V., Duff, A. P., Meilleur, F., e Vrielink, A. 2015. Produção e caraterização da colesterol oxidase perdeuterada recombinante. Analytical Biochemistry. 485: 102-108.

43. Goradel, N. H., Negahdari, B., Mohajel, N., Malekshahi, Z. V., Shirazi, M. M. A., e Arashkia, A. 2021. A administração heteróloga de nanocomplexos carregados com epítopo HPV16 E7 inibe o crescimento do tumor em modelo de rato. Imunofarmacologia Internacional. 101(Parte B): 108298.

44. Guo, M., Chen, J., Li, J., Nie, L., e Yao, S. 2004. Biossensor amperométrico de colesterol à base de nanotubos de carbono fabricado através da técnica de camada por camada. Electroanalysis. 16(23): 1992-1998.

45. Haikonen, T., Rajamaki, M.-L., e Valkonen, J. P. T. 2013. A supressão aprimorada do silenciamento e a expressão aprimorada de proteínas heterólogas são alcançadas usando uma proteinase de componente auxiliar viral projetada. Jornal de Métodos Virológicos. 193(2): 687-692.

46. Hao, M., Fan, G., Zhang, Y., Xin, Y., e Zhang, L. 2019. Preparação e caraterização de nanoflores híbridos de *cobre-Brevibacterium* colesterol oxidase. Jornal Internacional de Macromoléculas Biologilca. 126: 539-548.

47. Haritha, V. S., Sarath Kumar, S. R., e Rakhi, R. B. 2022. Biossensor amperométrico de colesterol baseado em colesterol oxidase e elétrodo de carbono vítreo modificado com Pt-Au/MWNTs. Materialstoday: Proceedings. 50(Parte 1): 34-39.

48. Hasdianty, A., Suhaila, Y. N., Hazwan, A. H., Maniyam, M. N., Fadzli, A. M., e Ibrahim, A. L. 2020. Inferindo a relação evolutiva de 23 isolados de *Rhodococcus* da Malásia com potencial como bactérias degradadoras de colesterol. Biocatálise e Biotecnologia Agrícola. 30: 101840.

49.Hesselink, P. G. M., Kerkenaar, A., e Witholt, B. 1990. Inibição de colesterol oxidases microbianas por dimetilmorfolinas. Journal of Steroid Biochemistry. 35(1): 107-113.

50.Huang, J., Liu, H., Zhang, P., Zhang, P., Li, M., e Ding, L. 2015. Imobilização de colesterol oxidase em nanopartículas magnéticas fluorescentes de estruturas de casca de núcleo. Ciência e Engenharia de Materiais: C. 57: 31-37.

51.Huo, L., Hug, J. J., Fu, C., Bian, X., Zhang, Y., e Muller, R. 2019. Expressão heteróloga de vias biossintéticas de produtos naturais bacterianos. Relatórios de produtos naturais. 36(10): 1412-1436.

52.Isobe, K., Shoji, K., Nakanishi, Y., Yokoe, M., e Wakao, N. 2003. Purificação e algumas propriedades da colesterol oxidase estável em detergentes da γ-proteobacterium Y-134. Journal of Bioscience and Bioengineering. 95(3): 257-263.

53.Jayanthi, G., Kalaivani, S. K., e Suja. 2020. Nanocompósito à base de inulina imobilizado com colesterol oxidase como material de deteção de colesterol em amostras biológicas e alimentares. Enzyme and Microbial Technology. 140: 109631.

54.Jiang, X., Tan, Z., Lin, L., IIe, J., IIe, C., Thackray, B. D., Zhang, Y., e Ye, J. 2018. Nanossondas raman aprimoradas por superfície com padrões incorporados para deteção quantitativa de colesterol. Métodos pequenos. 2: 1800182.

55.Kaachra, A., Kumar Vats, S., e Kumar, S. 2018. A expressão heteróloga das principais enzimas metabólicas de C e N melhora a reassimilação de CO_2 e NH_3 , e o crescimento. Fisiologia Vegetal. 177(4): 1396-1409.

56.Kavitha, A., Handanahal, S., e Savithri. 2020. Caracterização da colesterol oxidase de um *Streptomyces* sp. marinho e sua citotoxicidade. Porcess Biochemistry. 89: 175-185.

57.Kellner-Weibel, G., de la Llera-Moya, M., Connelly, M. A., Stoudt, G., Cheistian, A. E., Haynes, M. P., Williams, D. L., e Rothblat, G. H. 2000. A expressão do recetor scavenger Bl em células COS-7 altera o conteúdo e a distribuição do colesterol. Biochemistry. 39(1): 221-229.

58. Khan, R., Kaushik, A., e Mishra, A. P. 2009. Imobilização da colesterol oxidase em filme electroquimicamente polimerizado de polianilina-Triton X-100 biocompatível. Ciência e Engenharia de Materiais C. 29: 1399-1403.

59. Kiatpapan, P., Yamashita, M., Kawaraichi, N., Yasuda, T., e Murooka, Y. 2001. Expressão heteróloga de um gene que codifica a colesterol oxidase em estirpes probióticas de *Lactobacillus plantarum* e *Propionibacterium freudenreichii* sob o controlo de promotores nativos. Journal of Bioscience and Bioengineering. 92(5): 459-465.

60. Kim, M. W., Kim, Y. H., Bal, J., Stephanie, R., Baek, S. H., Lee, S. K., Park, C. Y., e Park, T. J. 2021. Projeto racional de sensores eletroquímicos de colesterol total baseados em nanopartículas de bioenzimas e a construção de um sistema de expressão de colesterol oxidase. Sensores e Actuadores B: Químicos. 349: 130742.

61. Kojima, K., Kobayashi, T., Tsugawa, W., Ferri, S., e Sode, K. 2013. Análise mutacional do local de ligação ao oxigénio da colesterol oxidase e o seu impacto na atividade da desidrogenase mediada por corantes. Journal of Molecular Catalysis B: Enzymatic. 88: 41-46.

62. Kumari, L., e Kanwar, S. S. 2012. Colesterol oxidase e suas aplicações. Avanços em Microbiologia. 2: 49-65.

63. Lambertz, C., Garvey, M., Klinger, J., Heesel, D., Klose, H., Fischer, R., e Commandeur, U. 201. Challenges and advances in the heterologous expression of cellulolytic enzymes: a review. Biotechnology for Biofuels. 7(135): 1-15

64. Lario, P. I., Sampson, N., e Vrielink, A. 2003. Estrutura cristalina de resolução sub-atómica da colesterol oxidase: What atomic resolution crystallography reveals about enzyme mechanism and the role of the FAD cofator in redox activity. Journal of Molecular Biology. 326(5): 1635-1650.

65.Lasuncion, M. A., Martinez-Botas, J., Martin-Sanchez, C., Busto, R., e Gomez-Coronado, D. 2022. Dependência do ciclo celular na via do mevalonato: Role of cholesterol and non-sterol isoprenoids. Biochemical Pharmacology. 196: 114623.

66.Lecomte, X., Gagnaire, V., Lortal, S., Dary, A., e Genay, M. 2016. *Streptococcusthermophilus*, uma ferramenta emergente e promissora para a expressão heteróloga: Vantagens e tendências futuras. Microbiologia alimentar. 53(Parte A): 2-9.

67.Lee, K. M., e Biellmann, J.-F. 1986. Colesterol oxidase em microemulsão: Atividade enzimática num substrato de baixa solubilidade em água e inativação por peróxido de hidrogénio. Bioorganic Chemistry. 14(3): 262-273.

68.Li, B., Gao, W., Ling, L., e Yu, S. 2022. Ensaio ReMALDI-MS assistido por enzimas para quantificação de colesterol em alimentos. Food Chemistry. https://doi.org/10.1016/j.foodchem.2022.132444

69.Lim, L., Molla, G., Guinn, N., Ghisla, S., Pollegioni, L., e Vrielink, A. 2006. Structural and kinetic analyses of the H121A mutant of cholesterol oxidase. Biochem J. 400(1): 13-22.

70.Lin, C.-C., e Yang, M.-C. 2003. Oxidação do colesterol usando dialisador de fibra oca imobilizado com colesterol oxidase: efeito do armazenamento e reutilização. Biomaterials. 24(4): 549-557.

71.Lolekha, P. H., Srisawasdi, P., Jearanaikoon, P., Wetprasit, N., Sriwanthana, B., e Kroll, M. H. 2004. Desempenho de quatro fontes de colesterol oxidase para a determinação do colesterol sérico pelo método do ponto final enzimático. Clinica Chimica Ata. 339(1-2): 135-145.

72.Lv, C., Wang, W., Tang, Y., Wang, L., e Yang, S. 2002. Efeito dos factores de melhoria da biodisponibilidade do colesterol na produção de colesterol oxidase por uma *Brevibacterium* sp. DGCDC-82 mutante. Process Biochemistry. 37(8): 901-907.

73.Mahmoud, H. E., El-Far, S. W., e Embaby, A. M. 2021. Clonagem, expressão e modelação estrutural *insilico* da colesterol oxidase de

Acinetobacter sp. estirpe RAMD em *E. coli*. FEBS Open Bio. 11: 2560-2575.

74. Masoud, R., Bizouarn, T., e Houee-Levin, C. 2014. Colesterol: Um modulador da atividade da NADPH oxidase dos fagócitos - Um estudo sem células. Biologia Redox. 3: 16-24.

75. Mendes, M. V., Recio, E., Anton, N., Guerra, S. M., Santos-Aberturas, J., Martin, J. F., e Aparicio, J. F. 2007. As colesterol oxidases actuam como proteínas de sinalização para a biossíntese do macrólido polieno pimaricina. Química e Biologia. 14: 279-290.

76. Miazzi, F., Schulze, H.-C., Zhang, L., Kaltofen, S., Hansson, B. S., e Wicher, D. 2019. Baixo Ca^{2+} níveis nos meios de cultura suportam a expressão heteróloga de proteínas receptoras de odorantes de insetos em células HEK. Journal of Neuroscience Methods. 312: 122-125.

77. Molnar, I., Choi, K.-P., Hayashi, N., e Murooka, Y. 1991. Superprodução secretora de colesterol oxidase de *Streptomyces* por *Streptomyces lividans* com um vetor de vaivém de várias cópias. Journal of Fermentation and Bioengineering. 72(5): 368-372.

78. Moraes, M. L., de Souza, N. C., Hayasaka, C. O., Ferreira, M., Filho, U. P. R., Riul, A., Zucolotto, V., e Oliveira, O. N. 2009. Imobilização de colesterol oxidase em filmes de LbL e deteção de colesterol por medidas de corrente alternada. Ciência e Engenharia de Materiais C. 29: 442-447.

79. Morrill, G. A., Kostellow, A. B., e Gupta, R. K. 2014. As regiões de revestimento de poros nas oxidases do citocromo c: Uma análise computacional das contribuições de caveolina, colesterol e hélice transmembrana para o movimento de protões. Biochimica et Biophysica Ata (BBA)-Biomembranas. 1838(11): 2838-2851.

80. Murooka, Y., Ishizaki, Y., Nimi, O., e Maekawa, N. 1986. Clonagem e expressão de um gene de colesterol oxidase de Streptomyces em <u>Streptomyces lividans</u> com o plasmídeo pIJ702. Appl Environ Microbiol. 52(6): 1382-1385.

81. Nah, H.-J., Pyeon, H.-R., Kang, S.-H., Choi, S.-S., e Kim, E.-S.

2017. Clonagem e expressão heteróloga de um cluster de genes biossintéticos de produtos naturais de grande porte em espécies de *Streptomyces*. Front Microbiol. 8: 394.

82. Narwal, V., Deswal, R., Batra, B., Kalra, V., Hooda, R., Sharma, M., e Rana, J. S. 2019. Biossensores de colesterol: Uma revisão. Steroids. 143: 6-17.

83. Nomura, N., Choi, K.-P., Yamashita, M., Yamamoto, H., e Murooka, Y. 1995. Modificação genética do gene da colesterol oxidase de *Streptomyces* para expressão em Escherichia coli e desenvolvimento de vectores promotores-sondas para utilização em bactérias entéricas. Journal of Fermentation and Bioengineering. 79(5): 410-416.

84. Opekarova, M., e Tanner, W. 2003. Requisitos específicos de lípidos das proteínas de membrana - um possível estrangulamento na expressão heteróloga. Biochimica et Biophysica Ata (BBA)-Biomembranes. 1610(1): 11-22.

85. Park, M. S., Kwon, B., Shim, J. J., Huh, C. S., e Ji, G. E. 2008. Expressão heteróloga de colesterol oxidase em *Bifidobacterium longum* sob o controlo do promotor do gene 16S rRNA de bifidobactérias. Biotechnology Letters. 30: 165-172.

86. Paulazo, M. A., e Sodero, A. O. 2020. Análise de colesterol em cérebro de rato por HPLC com deteção de UV. PLOS ONE. 15: 0228170.

87. Pham, H., Singaram, I., Sun, J., Ralko, A., Puckett, M., Sharma, A., Vrielink, A., e Cho, W. 2022. Desenvolvimento de um novo sistema de depleção espácio-temporal para o colesterol celular. Journal of Lipid Research. https://doi.org/10.1016/j.jlr.2022.100178

88. Phillips, C. M. 2013. Nutrigenética e doença metabólica: estado atual e implicações para a nutrição personalizada. Nutrientes. 5: 32-57.

89. Piubelli, L., Pedotti, M., Molla, G., Feindler-Boeckh, S., Ghisla, S., Pilone, M. S., e Pollegioni, L. 2008. Sobre a reatividade ao oxigénio das flavoproteínas oxidases: Um túnel e uma porta de acesso ao

oxigénio na colesterol oxidase de *Brevibacterium Sterolicum*. Jornal de Química Biológica. 283(36): 24738-24747.

90. Pollegioni, L., Wels, G., Pilone, M. S., e Ghisla, S. 1999. Mecanismo cinético da colesterol oxidase de *Streptomyces hygrosopicus* e *Brevibacterium sterolicum*. Eur J Biochem. 264: 140-151.

91. Purcell, J. P., Greenplate, J. T., Jennings, M. G., Ryerse, J. S., Pershing, J. C., Sims, S. R., Corbin, D. R., Tran, M., Sammons, R. D., e Stonard, R. J. Biochemical and Biophysical Research Communications. 196(3): 1406-1413.

92. Qin, H.-M., Wang, J.-W., Guo, Q., Li, S., Xu, P., Zhu, Z., Sun, D., e Lu, F. 2017. O redobramento de uma nova colesterol oxidase de *Pimelobactersimplex* revela atividade de desidrogenação. Expressão e Purificação de Proteínas. 139: 1-7.

93. Rastogi, L., Dash, K., e Sashidhar, R. B. 2021. Deteção selectiva e sensível do colesterol utilizando a atividade intrínseca tipo peroxidase de nanopartículas de paládio biogénicas. Investigação atual em biotecnologia. 3: 42-48.

94. Rivera-de-Torre, E., Rimbault, C., Jenkins, T. P., Sorensen, C. V., Damsbo, A., Saez, N. J., Duhoo, Y., Hackney, C. M., Ellgaard, L., e Laustsen, A. H. 2022. Estratégias para expressão heteróloga, síntese e purificação de toxinas de veneno animal. Front Bioeng Biotechnol. 9: 811905.

95. Rosano, G. L., e Ceccarelli, E. A. 2014. Expressão de proteínas recombinantes em *Escherichiacoli*: avanços e desafios. Front Microbiol. 5, Artigo 172.

96. Salazar, P., Martin, e Gonzalez-Mora, J. L. 2019. Eletrodeposição in situ de filme fino de polidopamina modificado com colesterol oxidase em eletrodos impressos em tela nanoestruturada para determinação de colesterol livre. Journal of Electroanalytical Chemistry. 837: 191-199.

97. Sampson, N. S., e Chen, X. 1998. Aumento da expressão da colesterol oxidase de *Brevibacteriumsterolicum* em *Escherichiacoli*

por modificação genética. Expressão e Purificação de Proteínas. 12: 347-352.

98. Sampson, N. S., Kass, I. J., e Ghoshroy, K. B. 1998. Avaliação do papel de uma alça Ω da colesterol oxidase: Um mutante de loop truncado tem especificidade de substrato alterada. Biochemistry. 37(16): 5770-5778.

99. Shahrajabian, M. H. 2021. Ervas medicinais com actividades anti-inflamatórias para a cura natural e orgânica. Química Orgânica Atual. 25(23): 1-17.

100. Shahrajabian, M. H., Sun, W., e Cheng, Q. 2021. Diferentes métodos para a deteção molecular e rápida do novo coronavírus humano. Atual Pharmaceutical Design. 27: 1-10.

101. Shahrajabian, M. H., Sun, W., e Cheng, Q. 2022. A importância dos flavonóides e fitoquímicos de plantas medicinais com actividades antivirais. Mini-Reviews in Organic Chemistry. 19(3): 293-318.

102. Silva, R. A., Carmona-Ribeiro, A. M., e Petri, D. F. S. 2013. Atividade enzimática da colesterol oxidase imobilizada em nanopartículas poliméricas mediada por vermelho Congo. Colloids and Surfaces B: Biointerfaces. 110: 347-355.

103. Slotte, J. P., e Ostman, A.-L. 1993. Oxidação/isomerização de 5-colesten-3β-ol e 5-colesten-3-ona a 4-colesten-3-ona em monocamadas contendo esterol puro e fosfolípidos mistos por colesterol oxidase. Biochimica et Biophysica Ata (BBA)-Biomembranes. 1145(2): 243-249.

104. Smith, A. G., e Brooks, C. J. W. 1974. Application of cholesterol oxidase in the analysis of steroids. Journal of Chromatography A. 101(2): 373-378.

105. Srisawasdi, P., Jearanaikoon, P., Wetprasit, N., Sriwanthana, B., Kroll, M. H., e Lolekha, P. H. 2006. Aplicação da colesterol oxidase de *Streptomyces* e *Brevibacterium* para o ensaio do colesterol sérico total pelo método cinético enzimático. Clinica

Chimica Ata. 372(1-2): 103-111.

106. Sulek, F., Drofenik, M., Habulin, M., e Knez, Z. 2010. Funcionalização da superfície de nanopartículas revestidas com sílica para fixação covalente de colesterol oxidase. Journal of Magnetism and Magnetic Materials. 322(2): 179-185.

107. Sun, W., Shahrajabian, M. H., e Cheng, Q. 2021. Plantas dietéticas e medicinais naturais com actividades terapêuticas anti-obesidade para o tratamento e prevenção da obesidade durante o confinamento e na era pós-Covid-19. Ciências Aplicadas. 11(17): 7889.

108. Szulc-Kielbik, I., Brzostek, A., Gatkowska, J., Kielbik, M., e Klink, M. 2020. Determinação da resposta imune *in vitro* e *in vivo* à colesterol oxidase recombinante de *Mycobacteriumtuberculosis*. Cartas de Imunologia. 228: 103-111.

109. Thurnhofer, H., Gains, N., Mutsch, B., e Hauser, H. 1986. Cholesterol osidase as a structural probe of biological membranes: its application to brush-border membrane. Biochimica et Biophysica Ata (BBA)-Biomembranes. 856(1): 174-181.

110. Ursan, R., Odnoshivkina, U. G., e Petrov, A. M. 2020. A oxidação do colesterol da membrana regula negativamente as respostas β-adrenérgicas atriais de maneira dependente de ROS. Cellular Signalling. 67: 109503.

111. Van Dijk, J. W. A., e Wang, C. C. C. 2016. Capítulo seis - Expressão heteróloga de vias de metabólitos secundários de fungos no sistema hospedeiro *Aspergillus nidulans*. Métodos em Enzimologia. 575: 127-142.

112. Varga, Z. V., Kupai, K., Szucs, G., Gaspar, R., Paloczi, J., Farago, N., Zvara, A., Puskas, L. G., Razga, Z., Tiszlavicz, L., Bencsik, P., Gorbe, A., Csonka, C., Ferdinandy, P., e Csont, T. 2013. A regulação positiva dependente de MicroRNA-25 da NADPH oxidase 4 (NOX4) medeia a disfunção subsequente ao stress oxidativo/nitrativo induzido pela hipercolesterolemia no coração.

Journal of Molecular and Cellular Cardiology. 62: 111-121.

113.   Volonte, F., Pollegioni, L., Molla, G., Frattini, L., Marinelli, F., e Piubelli, L. 2010. Produção de colesterol oxidase recombinante contendo FAD ligado covalentemente a *Escherichia coli*. BMC Biotechnology. 10(33): 1-10.

114.   Vrielink, A., e Ghisla, S. 2009. Cholesterol oxidase: bioquímica e características estruturais. FEBS Journal. 276: 6826-6843.

115.   Wang, H., e Mu, S. 1999. Características bioelectroquímicas da colesterol oxidase imobilizada numa película de polianilina. Sensores e Actuadores B: Químicos. 56(1-2): 22-30.

116.   Wang, L., e Wang, W. 2007. Expressão assistida por precursor de coenzima de uma colesterol oxidase de *Brevibacterium* sp. em *Escherichia coli*. Biotechnology Letters. 29: 761-766.

117.   Wang, R., Li, J., e Li, J. 2020. Análises funcionais e estruturais para a enzima M1rC de *Novosphingobium* sp. THN1 na biodegradação de microcistina: Envolvendo expressão heteróloga optimizada, bioinformática e mutagénese dirigida ao local. Chemosphere. 255: 126906.

118.   Wang, S., Chen, S., Shang, K., Gao, X., e Wang, X. 2021. Deteção eletroquímica sensível do colesterol utilizando um sensor de papel portátil baseado no efeito sinérgico da colesterol oxidase e do ouro nanoporoso. International Journal of Biological Macromolecules. 189: 356-362.

119.   Wu, S., Hao, J., Yang, S., Sun, Y., Wang, Y., Zhang, W., Mao, H., e Song, X.-M. 2019. Filme de automontagem camada a camada de compósitos de óxido de grafeno reduzido por PEI e colesterol oxidase para biossensor de colesterol ultrassensível. Sensores e Actuadores B: Químicos. 298: 126856.

120.   Wuisan, Z. G., Kresna, D. M., Bohringer, N., Lewis, K., e Schaberle, T. F. 2021. Otimização da expressão heteróloga de Darobactina A e identificação do cluster de genes biossintéticos

mínimos. Engenharia Metabólica. 66: 123-136.

121.   Xin, Y., Lu, L., Wang, Q., Zhang, L., Tong, Y., e Wang, W. 2016. Ligandos semelhantes a coenzimas para o isolamento por afinidade da colesterol oxidase. Journal of Chromatography B. 1021: 169-174.

122.   Yao, K., Wang, F.-Q., Zhang, H.-C., e Wei, D.-Z. 2013. Identificação e engenharia de colesterol oxidases envolvidas na etapa inicial do catabolismo de esteróis em *Mycobacteriumneoaurum*. Engenharia Metabólica. 15: 75-87.

123.   Yao, J., Xie, Z., Zing, X., Wang, L., e Yue, T. 2022. Nanoenzima fluorescente ratiométrica bimetálica Eu/Fe-MOFs para deteção selectiva de colesterol em soro biológico: Síntese, caraterização, mecanismo e cálculos DFT. Sensores e Actuadores B: Química. 354: 130760.

124.   Yazdi, M. T., Zahraei, M., Aghaepour, K., e Kamranpour, N. 2001. Purificação e caraterização parcial de uma colesterol oxidase de *Streptomyces fradiae*. Enzyme Microb Technol. 28(4-5): 410-414.

125.   Yin, Y., Liu, P., Anderson, R. G., e Sampson, N. S. 2002. Construção de um mutante de colesterol oxidase cataliticamente inativo: investigação da interação entre os resíduos do sítio ativo glutamato 361 e histidina 447. Archives of Biochemistry and Biophysics. 402(2): 235-242.

126.   Yoshimoto, T., Ritani, A., Ohwada, K., Takahashi, K., Kodera, Y., Matsushima, A., Saito, Y., e Inada, Y. 1987. Colesterol oxidase modificada por derivado de polietilenoglicol solúvel e ativa em benzeno. Biochemical and Biophysical Research Communications. 148(2): 876-882.

127.   Zhao, M., Li, Y., Ma, X., Xia, M., e Zhang, Y. 2019. Adsorção de colesterol oxidase e aprisionamento de peroxidase de rábano em estruturas orgânicas metálicas para o biosensor colorimétrico de colesterol. Talanta. 200: 293-299.

Printed by Books on Demand GmbH, Norderstedt / Germany